療癒系！

娜娜媽教你做

質感◇透亮

寶石皂

風靡日韓歐美，
像礦石、像寶石、像水晶！

30款獨一無二的透明皂

娜娜媽／著

目錄 Contents

Part ◇ *1*
用「胺基酸皂基」
做透亮寶石皂

Part ◇ 2
用「植物性甘油皂基」做質感寶石皂

Part ◇ 3
皂邊應用，再生寶石皂

透亮、璀璨，
令人著迷的寶石皂

「你不喜歡，不代表別人也不喜歡」，這是我今年體認到的一句話。

一直以來，覺得冷製手工皂的洗感較好，對於皂基皂並沒有特別的想法。直到客人的訂單，才改變了我對MP皂基寶石皂的看法。

造型多變、角度切割產生的折射由我操控，彷彿我就像是寶石切割師一樣，讓一顆顆的MP寶石皂顯現那最耀眼的光芒。

在MP寶石皂裡，每個人都是設計師，總能創造出自己滿意的作品。

當每個人看到自己做的MP寶石皂，總是驚嘆的說：「怎麼會這麼美！」其實那一刻MP寶石皂也照亮了我們的心靈，原來讓別人快樂也是一件很棒的事情，因此產生了這一本專門為MP皂製作的書。

書裡，將原本我在腦海想像的寶石皂，一一實現，分享給大家，希望大家也能開心的找到屬於自己最閃亮的那一顆寶石。

祝大家玩得開心。

娜娜媽

製作寶石皂的
基本材料

皂基

本書使用的是甘油植物皂基和胺基酸皂基，
甘油植物皂基還有分成透明和不透明兩種，
可以互相運用做變化。
市面上還有其他不同的皂基種類，
像是羊毛脂皂基、果凍皂基等等。

皂基有幾個特點：

① 操作方便、簡單易上手，很適合親子
　共做。

② 外型吸睛、變化性高，可做出像寶
　石、礦石、水晶般的透明皂。

③ 凝固即可使用，無須等待晾皂熟成。

▲ 甘油植物皂基還可分成
　透明和不透明的種類。

▲ 使用皂基時，可先切成塊狀或條狀再進行加熱，較方便融解。

色水

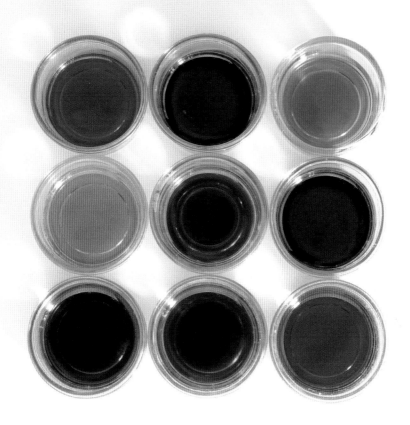

要讓寶石皂呈現繽紛的顏色，可利用色水來調色。
製作寶石皂的色水，可使用食用色水或耐鹼色水，
或是用色粉加入精油，調成液體，方便操作。
剛開始入門時不用一次買太多顏色，
可利用紅、藍、黃三原色，即可調和出許多顏色。

▲ 將透明皂基加上
　適量的色水，就
　能做出繽紛的單
　色透明皂。

▼ 食用色水也可入皂。

▲ 利用紅、藍、黃三原色，
　即可調和出其他顏色。

▲ 將色水進行混色之後，
　 就能調和出各式顏色。

▲ 將透明皂基或有顏色的
　 皂塊切成小塊，也可以
　 用於基本的調色。

◀ 杯子裡面殘留的顏色，也是調色
　 的好幫手。加入一些透明的皂基
　 再加熱，即能呈現柔和的顏色。

▲ 將紅色色水＋黃色色水，可調和出橘色色水。

▲ 將藍色色水＋紅色色水，可調和出紫色色水。

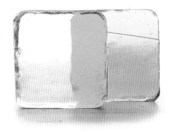

▲ 將藍色色水＋黃色色水，可調和出綠色色水。

▲ 單一顏色的色水，加入不同的分量，
即能呈現深淺的變化。

色粉調和液

除了利用色水，

一些較特殊的顏色，

像是金色或黑色，

也可以用金色色粉、

備長炭黑色色粉加上精油，

調和成液體入皂，

不僅顯色度佳且方便操作。

▲ 大約1g的色粉＋3g的精油，
搖晃均勻即可使用。

各式皂邊

製作寶石皂時會切掉一些皂邊，這些皂邊都可以再次入皂，
做出各式風格的透明皂，一點也不浪費。
本書第三章也將示範如何利用這些皂邊，
創作出獨一無二的皂款。

酒精

在加熱皂基後，或是將皂液攪拌、
倒入模型中時，很容易產生小氣泡，
在表面噴上酒精，就可以消除這些氣泡。
可使用75％的酒精。

製作寶石皂的
基本工具

製作工具

電磁爐或微波爐

皂基需加熱融解後才能調色入模，可利用電磁爐或微波爐加熱融解。

木棒或玻棒

調色時作為攪拌用，可利用手邊現有的工具，也可以使用竹筷。

滴管

調色時，用來吸取色水，可以準確的測量色水量。

耐熱容器

將皂基放在耐熱器皿中，即可直接放入微波爐加熱，快速又方便。選擇具嘴量杯或燒杯，將皂液倒入模型時會更輕鬆好操作。

各式模具

可以使用各種形狀的矽膠模型或塑膠模型來塑形。建議大家使用容量較小的分隔模，一次大約製作500g的皂，較能不浪費的達到練習的目的。

PVC膜

寶石皂完成後，利用PVC膜包覆皂體，可以避免出水並保持肥皂的乾爽。

細篩網

利用細篩網撒上色粉，可為寶石皂增加質感與光澤。

測量工具

電子秤

最小測量單位1g的電子秤，用來
測量皂基
的重量。

微量秤

將色粉調和
成可入皂的
色液時，因
為分量很微
小，需以微
量秤測量。

溫度槍

有時要利用皂液的溫度
來融解皂塊，有時需等
皂液溫度降低時才能進
行下一個步驟，利用溫
度槍測量溫度，以便確
認皂液溫度。

切皂工具

菜刀＆砧板

使用一般的菜刀即可，厚度越薄越好切皂。
做皂用的菜刀與砧板需與做菜用的工具分開
使用。

切蔥刀

利用切蔥刀可快速劃
出紋路，製造出絢麗
的效果。請見p.87的
粉晶透明皂。

水果刀

製作裂紋皂時，需利
用水果刀劃出刀痕。

刨皂器

可以修飾皂表面與
皂邊，讓手工皂光
滑平整。

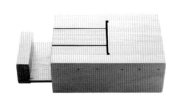

娜娜媽不藏私！

寶石皂的
製作重點

製作時的重點提醒

Point 1：減少氣泡產生，讓寶石皂更晶透

很多人在完成寶石皂後，會發現有許多小氣泡，讓寶石皂顯得不夠透亮，其實在製作中稍微留意幾個重點，就可以大大的消除氣泡產生的機會。

▲ 攪拌或搖晃皂液時，動作一定要輕柔，不要太用力。

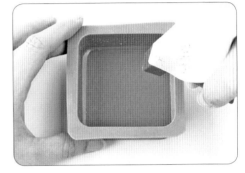

▲ 皂基溶解後、皂液入模後，可噴酒精消除表面氣泡。只要製作過程中發現氣泡過多，都可以噴酒精消除。

▲ 皂液入模時，需沿著模型邊緣倒入，或是利用刮刀輔助減緩衝力，皆可減少氣泡產生。

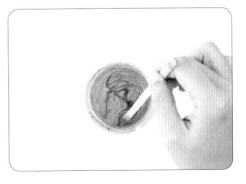

▲ 胺基酸皂基的皂液濃稠的速度比較快，調色攪拌需輕柔，避免太用力產生過多氣泡。

Point 2：掌握融解皂基的小細節

① 如果使用微波爐加熱融解皂基，需先了解自家微波爐的功率，掌握加熱時間，以減少皂液溢出（我自己家的微波爐大約100g的皂基，加熱30～40秒）。使用電磁爐加熱時，則需注意不要過度攪拌，或是利用隔水加熱，有助於減少底部燒焦的情況發生。

② 皂基加熱融解後，皂表會產生些許浮末，這些浮末請務必要撈除乾淨，才不會影響寶石皂的透度和美觀。

▶ 如果皂液的浮沫沒有撈除，就會影響成皂美觀。

 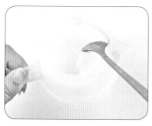

▲ 可用湯匙或是木棒，將浮末撈除。

▲ 皂基加熱後約靜置30秒，待表面凝固後，再用湯匙撈除泡末，像棒棒糖將浮末裹起，皂液會更透明。

製作後的重點提醒

Point 1：切面越多，寶石皂越美

很多人會捨不得切皂，或是無法大膽的下刀，但寶石皂晶透漂亮的祕訣，在於切面，切面越多越好看。如果以數量計算，每個寶石皂大概需切15～22次，且盡可能大角度的切。

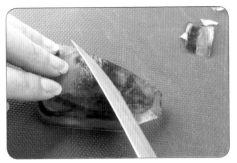

▲ 大角度的切皂，讓折射感更多更漂亮。

Point 2：脫模後需馬上包皂

寶石皂脫模後需馬上用保鮮膜包起來，以免接觸空氣後使寶石皂霧化，降低晶透感。也可以使用真空袋，可維持更好的透明度。

▲ 沒有立即包皂，就會產生的水珠。

Before

噴酒精
⇨

After

▲ 如果皂表霧霧的，可以水洗或是噴酒精，即可恢復透亮感。

不規則
寶石皂的
包皂方式

1　將寶石皂放在PVC膜中間，皂的四周預留足夠的空間。

2　將四周的PVC膜往皂中心包起，將多餘PVC膜聚集拉緊。

3　確認皂表面的PVC膜平整，將多餘的PVC膜捲成一束。

4　剪掉多餘PVC膜，再用膠帶黏起固定。

規則
寶石皂的
包皂方式

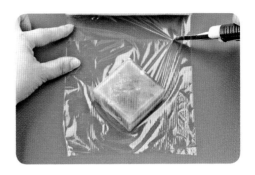

1 將寶石皂放在PVC膜中間，皂的四周預留足夠的空間。

2 將四周的PVC膜往皂中心包起，將多餘PVC膜聚集拉緊。

3 確認皂表面的PVC膜平整，再用膠帶將底部收口處黏起固定。

Part ◇ 1

用「胺基酸皂基」 做透亮寶石皂

海洋之星
星球皂

材料 　胺基酸皂基⋯120g／藍色色水⋯1滴／透明皂塊⋯20g

模型 　球型模，直徑約7cm

作法

1 將20g的胺基酸皂基加熱融解後，沿著半球模的邊緣倒入，在表面噴上酒精，以消除氣泡。

2 將透明皂塊放入模型中。利用皂液的溫度將部分皂塊融解，製造出特別的視覺效果。

 可以運用手邊現有的透明皂塊，變化出不同的視覺效果。

3 將50g的胺基酸皂基加熱融解後，加入1滴藍色色水，輕輕搖晃容器後，倒入模型中（直接倒在皂塊上）。

Tips 可以視步驟2透明皂塊的顏色，自行搭配不同顏色的色水。

4 在皂液表面噴上酒精，以消除氣泡。

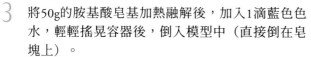

5 將球型模蓋上，將50g的胺基酸皂基加熱融解後，以繞圓的方式倒入，填滿整個模型。

Tips 球型模的洞口雖然很小，但仍可以用畫圓的方式倒入皂液，操作時請小心。

6 靜置40分鐘後，待皂成型即可脫模。

Tips 脫模後皂體會霧霧的，用水清洗後，即會呈現透亮的效果。請參考p.23。

∽∾ 貓眼石皂 ∾∽

材料　胺基酸皂基…140g / 藍色色水…1滴
　　　紅色色水…1滴 / 金色色粉…適量

模型　球型模，直徑約7cm

作法

1　將140g的胺基酸皂基加熱融解後，滴入藍色、紅
　　色色水各1滴。

 如要做成左頁的綠色貓眼石皂，可加入2～3滴
　　　綠色色水。

2　以竹筷稍微攪拌混
　　合色水後，沿著球
　　型模的邊緣倒入。

3 在皂液表面噴上酒精，以消除多餘氣泡。

4 利用篩網在皂液表面撒上少許金色色粉。

5 將球型模蓋上，再將剩餘的皂液以繞圓的方式倒入，填滿整個模型。

Tips 1 球型模的洞口雖然很小，但仍可以用畫圓的方式倒入皂液，操作時請小心。

Tips 2 蓋上球型模，再以畫圓方式倒入皂液，是成皂形成放射狀線條的重點。

 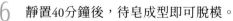

6 靜置40分鐘後，待皂成型即可脫模。

Tips 脫模後皂體會霧霧的，用水清洗後，即會呈現透亮的效果。

璀璨3D
煙火皂

材料　胺基酸皂基⋯120g／藍色色水⋯2滴
　　　紅色色水⋯1滴／金色色粉⋯適量

模型　7×7cm方形模

作法

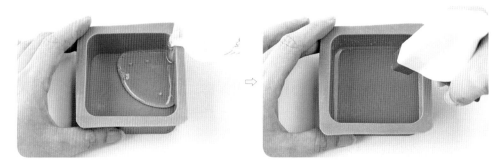

1　將30g的胺基酸皂基加熱融解後，沿著模型邊緣倒入，在表面噴上酒精，以消除多餘氣泡。

2　取出兩個容器，分別盛裝30g、60g的胺基酸皂基，加熱融解。在30g的皂液裡加入藍色和紅色色水各1滴，攪拌後形成紫色；60g的皂液裡加入1滴藍色色水，攪拌後形成淡藍色。

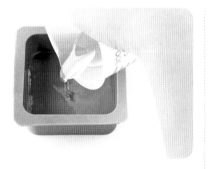

3 先將淡藍色皂液從模型中間以畫
圓的方式倒入，約倒入一半的分
量即可。

4 倒入紫色皂液，同樣由模型中間
以畫圓的方式倒入，約倒出一半
的量即可。

5 利用細篩網，輕輕撒上適量的金
色色粉。

 金色色粉如果撒太少，會讓成
皂的煙火效果不明顯喔！

6 再以畫圓的方式，分別倒入步驟
3、4的淡藍色與紫色皂液。

7 噴上酒精，消除多餘氣泡。

8 靜置約30分鐘後，待皂固定成型
即可脫模。

桂花玉露
捲捲皂

材料　胺基酸皂基⋯80g／植物白色甘油皂基⋯70g／開水或純水⋯20g
　　　黃色色水⋯2滴／藍色色水⋯1滴／金色色粉⋯適量

模型　7×7×21cm長形模

作法

1　將80g的胺基酸皂基加入10g的開水，一起加熱融解後，再平均分成兩杯。一杯加入1滴黃色色水；另一杯加入黃色、藍色色水各1滴，攪拌均勻成綠色。

2　將兩杯皂液沿著模型兩側邊緣同時倒入，全部倒入後會形成兩個明顯的漸層色階。

▼ 綠色皂液

▲ 黃色皂液

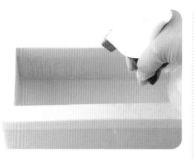

3　在表面噴上酒精，以消除氣泡。

4　利用細篩網，沿著模型的中心線撒上少許金粉。

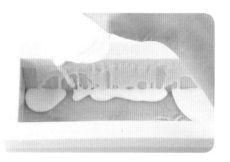

5　靜置約20～30分鐘後，用手輕觸皂體表面，摸起來有硬度確定已定型，才能進行下一個步驟。

6　將70g的植物甘油皂基加入10g的開水，一起加熱融解後，確認溫度在65℃以下，再沿著模型邊緣來回移動，將皂液倒入。

 Tips　倒入的皂液溫度需在65℃以下，才不會將下層已做好的透明皂融解。

7　在表面噴上酒精，以消除氣泡。

8　靜置30分鐘後，用手輕觸皂體表面，如果手指沾起白色皂液，請繼續靜置。需待皂液完全定型才能進行脫模。

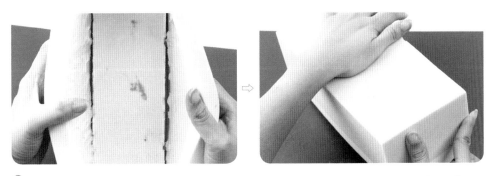

9　輕輕拉開模型四邊，再將模型倒扣，輕輕按壓模型底部，讓皂體完整脫落。

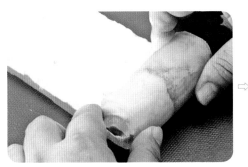

10　將皂片捲起，全部捲完時再將接縫處輕輕按壓定型。

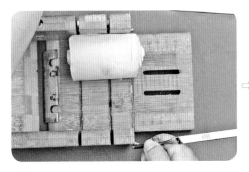

11　將捲捲皂切成適合的大小即完成。

藍色海洋
胺基酸皂

材料　胺基酸皂基…80g / 透明皂塊…20g / 藍色色粉… 適量

模型　8×5.5cm橢圓形模

作法

1　將20g的胺基酸皂基加熱融解後，沿著模型邊緣
　　倒入，在表面噴上酒精，以消除多餘氣泡。

2　放入皂塊，鋪滿整
　　個模型，再利用篩
　　網撒上藍色色粉。

3　將80g的透明胺基酸皂基加熱融解後，直接倒在皂塊上，倒完後再輕拉模型邊
　　緣，讓皂液可以滲入皂塊間。

 利用加熱後的皂液溫度來融解部分皂塊的邊緣，讓成皂形成自然的線條。所
以當皂液溫度越高，皂邊被融化的部分越多，色彩變化就會越明顯。

4　在表面噴上酒精，以消除多餘氣
　　泡。

5　靜置約˘0分鐘後，待皂固定成型即
　　可脫模。

藍隕石
晶礦皂

材料　胺基酸皂基…120g / 紫色色水…1滴
　　　藍色色水…1滴 / 綠色色水…1滴

模型　7×7cm方形模

作法

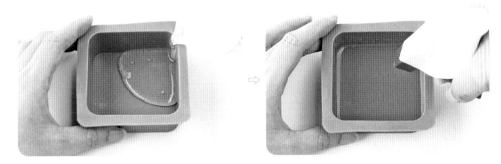

1　將20g的胺基酸皂基加熱融解後，沿著模型邊緣倒入，在表面噴上酒精，以消
　　除多餘氣泡。

2　將30g的胺基酸皂基加熱融解後，平均分成兩杯，一杯滴入1滴藍色色水；另
　　一杯滴入1滴紫色色水，攪拌均勻後，靜置約10分鐘。待皂體成型，再用竹棒
　　用刮的方式取出藍色、紫色小皂塊，加入模型中。

Tips　也可利用做其他寶石皂時剩餘的皂液來製作，更加省時不浪費。

3　將70g的胺基酸皂基加熱融解後，平均分成兩杯，一杯滴入1滴綠色色水並攪拌均勻；一杯保持透明。

4　將全部的綠色皂液沿著模型邊緣倒入，接著在同一個位置，倒入一半的透明皂液。

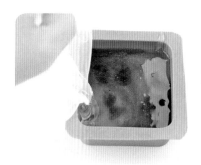

5　在步驟4倒入的對角，再將剩下的透明皂液倒入。

6　在表面噴上酒精，以消除多餘氣泡。靜置約30分鐘後，待皂固定成型即可脫模。

藍紫
晶鑽皂

材料　胺基酸皂基…120g / 紫色色水…1滴
　　　黃色色水…1滴 / 綠色色水…1滴

模型　7×7cm方形模

作法

1　將120g的胺基酸皂基加熱融解後，平均分成三
　　杯，一杯加入1滴的紫色色水、一杯加入1滴的黃
　　色色水、一杯加入1滴的綠色色水，攪拌均勻。

2　將紫色皂液倒入模
　　型中，呈小圓狀。

3　將黃色皂液倒在紫色圓圈上，以及對角的位置
　　上。超出原本圓形的面積也沒關係喔！

4 　用一樣的方式，將綠色皂液倒在
　　圓形皂液上。重複步驟2～4的步
　　驟，依序將紫色、黃色、綠色皂
　　液倒入，直到所有皂液全部倒入
　　模型中。

 因為胺基酸皂基乾的速度較快，所以操作時要把握時間，避免皂液沖不開而
形成塊狀，變成一塊塊重疊的感覺，成皂的效果就會不太一樣喔！

5 　在表面噴上酒精，以消除多餘氣泡。靜置約30分鐘後，待皂固定成型即可脫
　　模切皂。

6 　視個人喜好切成想要的寶石皂大
　　小。我會先將正方形的皂切成大
　　小不一的兩塊，再將較平面的邊
　　斜切出角度來，製作出寶石的折
　　射感。

 製造切面是寶石皂漂亮有光澤的重點，不要擔心浪費而無法下手，切剩的皂
邊都還可以再利用。

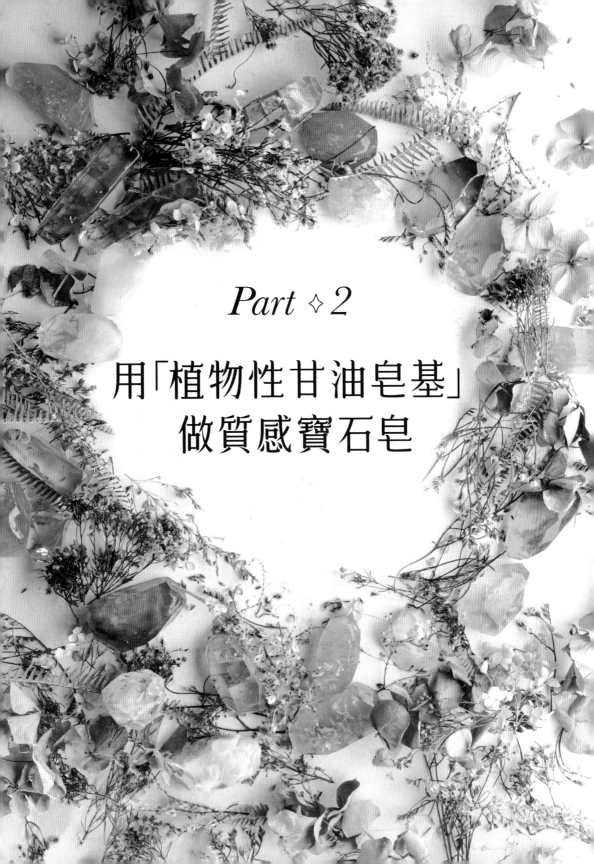

Part ⋄ *2*

用「植物性甘油皂基」
做質感寶石皂

藍紫星光
寶石皂

材料　透明皂基…120g／紅色色水…1滴
　　　藍色色水…1滴／金色色粉…適量

模型　7×7cm方形模

作法

1　將120g的透明皂基
　　加熱融解後，在表
　　面噴上酒精，以消
　　除多餘氣泡。

2　將30g的透明皂液沿
　　著模型邊緣倒入，
　　在表面噴上酒精，
　　以消除多餘氣泡。

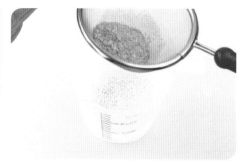

3 　滴入1滴紅色色水、1滴藍色色
　　水。

4 　在已加熱融解的透明皂液裡，撒
　　入少許金粉，並輕輕搖晃容器，
　　使金粉自然擴散開來。

5 　將含有金粉的皂液倒在色水上，
　　使紅色和藍色色水自然的混合擴
　　散，形成些許的紫色。

 ⇨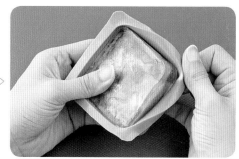

6 　在表面噴上酒精，以消除多餘氣泡。靜置約30分鐘後，待皂固定成型即可脫模。

7 　視個人喜好切成想要的寶石皂大小。我會先將正方形的皂切成大小不一的兩
　　塊，再將較平面的邊斜切出角度來，製作出寶石的折射感。

娜娜媽
小教室 　　切/皂/的/技/巧

技巧①

每一塊寶石皂都是獨一無二的，因為
花紋不同、切面不同，總能製造出意
想不到的驚奇。

技巧②

製造切面是寶石皂漂亮有光澤的重
點，不要擔心浪費而無法下手，切剩
的皂邊都還可以再利用。

～ 煙 花 皂 ～

材料　透明皂基⋯110g／綠色色水⋯1～3滴／金色色粉⋯少許

模型　8×5.5cm橢圓形模

作法

1　將110g的透明皂基
　　加熱融解後，再將
　　30g輕輕倒入模型
　　中，於表面噴上酒
　　精，以消除氣泡。

2　利用篩網，輕輕將金色色粉撒入模型中，形成薄
　　薄的一層金粉層。

3　在80g的透明皂液裡，視個人喜歡的深淺，滴入1～3滴的綠色色水，稍微搖晃
　容器，使色水自然的擴散開來。

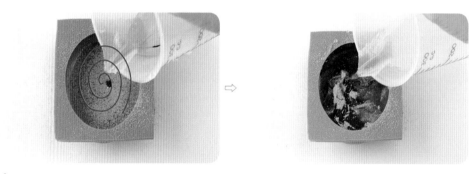

4　將綠色皂液由模型中間以畫圓的方式倒入，倒入時需要有點力道，利用皂液
　將金色粉層沖開，才能製造出煙花的效果。

5　靜置約30分鐘後，待皂固定成型即可脫模。

海洋藍
透明皂

材料　透明皂基⋯100g／藍色色水⋯1滴／金色色粉⋯少許

模型　直徑5cm圓形模

作法

1 將30g的透明皂基加熱融解後，在表面噴上酒精，以消除多餘氣泡。

2 將透明皂液沿著模型邊緣倒入，再於表面噴上酒精，以消除多餘氣泡。

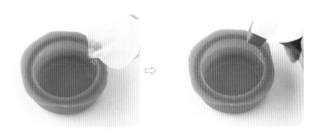

3　利用細篩網，撒入少許金粉，不用太均勻沒關係。

4　將40g的透明皂基加
　　熱融解後，滴入1～
　　2滴藍色色水，稍微
　　攪拌一下。

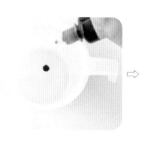

5　將藍色皂液沿著模型邊緣倒入，讓金粉自然流
　　動。噴上酒精，以消除多餘氣泡。

6　將30g的透明皂基加
　　熱融解後，沿著模
　　型邊緣倒入，再噴
　　酒精，以消除多餘
　　氣泡。

7　靜置約30分鐘後，待皂固定成型即可脫模。

透明
~❧ 沖渲皂 ❧~

材料　透明皂基⋯120g／紅色色水⋯1～2滴／藍色色水⋯1～2滴

模型　7×7cm方形模

作法

1　將120g的透明皂基加熱融解後，在表面噴上酒精，以消除氣泡。

2　將30g的皂液沿著模型邊緣倒入，
　　先滴入1～2滴紅色色水。

Tips　色水量建議不要超過5滴，避
免混色後顏色變髒變濁。

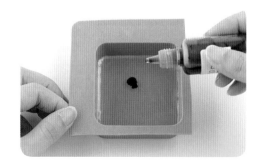

3 滴入1～2滴藍色色水，滴入時不要與模型中的紅色色水重疊。

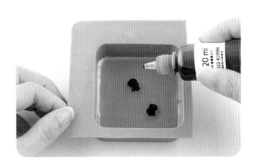

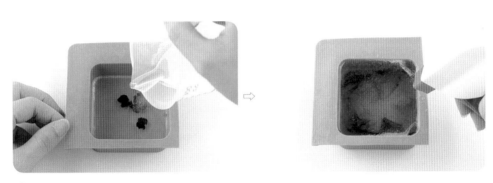

4 將90g透明皂液倒在紅色、藍色色水上，同時一邊移動皂液倒入的位置，由內往外的繞圈圈，藉由手沖的力道讓色水渲染開來。於表面噴上酒精，以消除多餘氣泡。

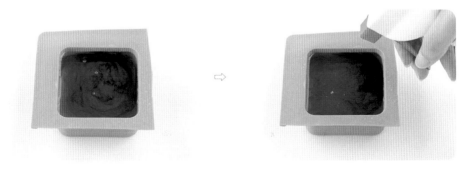

5 輕輕倒入剩下的透明皂液，再於表面噴上酒精，以消除氣泡。靜置約30分鐘後，待皂固定成型即可脫模。

3D立體渲染皂

材料　透明皂基…110g / 白色皂基…10g / 橘色色水…1～2滴
　　　紅色色水…1～2滴 / 綠色色水…1～2滴 / 金色色粉…適量

模型　7×7cm方形模

作法

1　將110g的透明皂基加熱融解後，
　　將30g皂液沿著模型邊緣倒入。

2　在皂液表面噴上酒精，以消除多
　　餘氣泡。

3 　分別滴入橘色、紅色、綠色色水，每種色水大約1～2滴（不要超過5滴，以免
　　顏色混濁）。

 滴入的色水保持一點距離、不要完全重疊。

4 　將40g透明皂液倒在色水上，同時　　5 　在皂液表面噴上酒精，以消除氣
　　一邊移動皂液倒入的位置，由內　　　　　泡。
　　往外的繞圈圈，藉由手沖的力道
　　讓色水渲染開來。

6　將10g的白色皂基加熱融解後，以
　　繞圈的方式倒入。

7　利用細篩網撒入少許金色色粉。

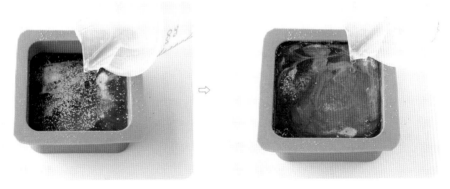

8　將剩下的40g透明皂液以繞圈圈的方式由內往外倒入模型中。

9　靜置約30分鐘後，待皂固定成型即可脫模。

冰晶皂

材料　透明皂基⋯110g／綠色色水⋯2～3滴

模型　7x5.5cm橢圓形模

作法

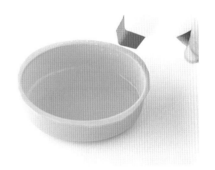

1 將55g的透明皂基加熱融解後，沿著模型邊緣倒入，再噴上酒精，以消除多餘氣泡，靜置約20分鐘，待皂液凝固。

2 皂液固定成型後，用刀子在表面劃出線條（不要切到模型底部，以免割傷模具），切割出越多線條，成皂裂紋效果會越明顯。

 切割線條時，需以45度角的方式切割，裂紋效果較好。

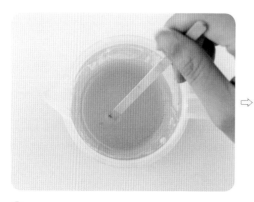 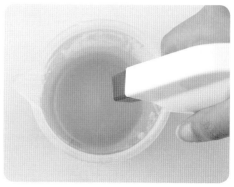

3 將55g的透明皂基加熱融解後，加入綠色色水，攪拌均勻後，在表面噴上酒
　精，以消除多餘氣泡。

4 確認綠色皂液的溫度在65℃以下，再沿著模型邊緣倒入。在表面噴上酒精，
　以消除多餘氣泡。

 倒入第二層皂液時，必需確認第一層皂液已凝固定型才能倒入第二層，這是
　　做出平整雙層效果的關鍵。

 第二層皂液溫度需在65℃以下才可倒入，避免溫度太高，將切痕融掉，就無
　　法呈現出裂紋效果。

黑白
大理石皂

材料　白色皂基⋯120g／黑色備長碳色液⋯1〜2滴／金色色液⋯3滴

模型　7×7cm方形模

作法

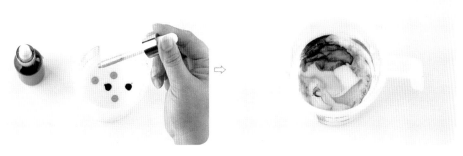

1 將120g的白色皂基加熱融解後，加入黑色備長碳色液和金色色液，輕輕搖晃杯子，讓皂液形成自然的渲染。

 黑色和金色色液可以視個人喜好增減滴入的量。

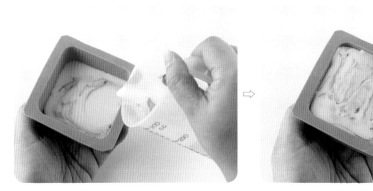

2　將皂液沿著模型邊緣輕輕倒入，皂液會自然形成像大理石般的紋路。

3　在表面噴上酒精，以消除氣泡。

4　靜置約30分鐘後，待皂固定成型即可脫模。

渲染皂

材料　白色皂基…50g / 透明皂基…70g
　　　綠色色水…1～2滴 / 金色色水… 適量

模型　8×10cm長方形模

作法

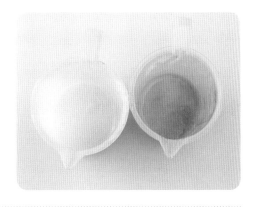

1　將50g的白色皂基加熱融解；將
　　70g的透明皂基加熱融解，加入
　　1～2滴綠色色水，攪拌均勻。

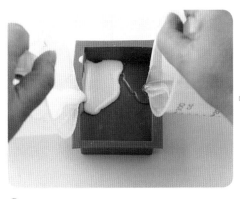 ⇨

2　將容器沿著模型兩側邊緣來回移動，同時倒入白色和綠色皂液。

　　Tips 白色皂基的比重比較重，倒入的速度要比綠色皂液慢一點，才不會讓綠色皂
　　液被白色皂液蓋過。

3 在表面噴上酒精，以消除多餘氣
泡。

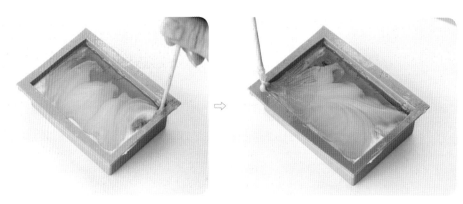

4 利用竹籤畫出Z字型，最後再畫對角線即完成渲染。

5 在表面噴上酒精，以消除多餘氣
泡。靜置約30分鐘後，待皂固定
成型即可脫模。

粉晶
透明皂

材料　透明皂基…110g / 紫色透明皂塊…10g / 粉紅色透明皂邊…10g

模型　7×7cm方形模

作法

1　將粉紅色、紫色透明皂切成小塊。

2　將10g的紫色皂塊、10g粉色皂塊、40g透明皂基一起加熱融解後，沿著模型邊緣倒入。在表面噴酒精，消除氣泡。

3 靜置約20～30分鐘後，利用切蔥刀以45度角下刀（不要切到模型底部，以免割傷模具），以不同方向切畫出紋路。

 切割線條時，需以45斜度角的方式切割，裂紋效果較好。

 可依自己喜歡的線條角度，自行創作。

4 將70g的透明皂基加熱融解，確認皂液的溫度在65℃以下，再沿著模型邊緣倒入。噴上酒精，以消除氣泡。

 娜娜媽小教室 調/色/的/小/技/巧

除了可以用色水進行調色外，也可以利用手邊現有的有色皂塊加入透明皂基一同融解，調和出不同顏色的皂液。利用皂塊調出來的皂液，色調會更顯柔和。

翠綠
～◆◇◆～ 玉石皂 ～◆◇◆～

材料　綠色透明皂塊…60g／白色皂基…60g

模型　7×7cm方形模

作法

1　將現有的綠色透明
　　皂塊加熱融解，稍
　　微搖晃一下備用。

> Tips　如果手邊沒有綠色皂塊，也可以將透明皂基加
> 熱融解後，加入2～3滴綠色色水，調和成綠色
> 皂液。

2　將60g的白色皂基加
　　熱融解後，沿著模
　　型邊緣倒入至約1/5
　　的高度。

3　將步驟1的綠色皂
　　液，沿著模型邊緣
　　倒入一層。

4　重複倒入白色、綠色皂液的步驟，將所有皂液倒
　　入模型中。

5　在表面噴酒精，消
　　除多餘氣泡。靜置
　　至少30分鐘，讓皂
　　液凝固。

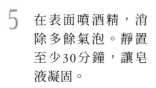

6　脫模後切皂。先切
　　分成想要的大小，
　　再進行皂邊修飾。

鑽面
寶石皂

材料　透明皂基⋯120g／紅色色水⋯2滴／橘色色水⋯3滴

模型　7×7cm方形模

作法

1　將100g的透明皂基加熱融解後，在表面噴上酒精，以消除多餘氣泡。

2　滴入2滴的紅色色水、3滴橘色色水，攪拌均勻。

3 　將皂液沿著模型邊緣倒入，在表面噴酒精，消除多餘氣泡。靜置至少20～30
　　分鐘，讓皂液凝固。

4 　脫模切皂。將皂的兩面表面切出凹槽，再放回方形模中。

 切的深度大約0.3～0.5公分，折射線條才會明顯。

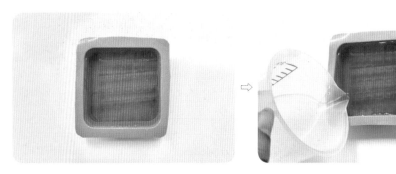

5 　將20g的透明皂基加熱融解後，溫度需要65℃以下，再倒入模型中，將紅色透
　　明皂的凹槽填補起來，在表面噴酒精，消除氣泡。

6 　靜置30分鐘即可脫模。

藍水晶
漸層皂

材料　透明皂基…120g／藍色色水…6滴

模型　7×7cm方形模

作法

1　將120g的透明皂基加熱融解後，在表面噴上酒精，以消除氣泡。

2　沿著模型邊緣倒入一層透明皂液。

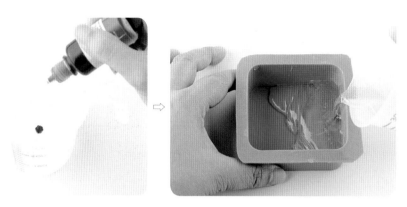

3　在透明皂液裡加入1滴藍色色水，攪拌均勻後，沿著模型邊緣輕輕倒入一層藍色皂液。

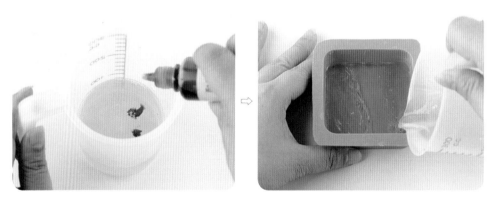

4　在皂液裡加入2滴藍色色水，攪拌均勻後，沿著模型邊緣倒入一層藍色皂液。

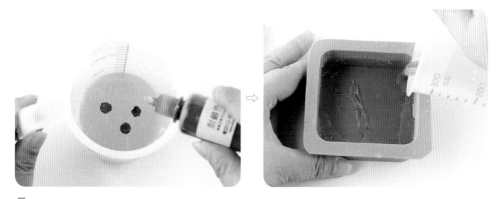

5　在皂液裡加入3滴藍色色水，攪拌均勻後，沿著模型邊緣倒入一層藍色皂液。

 滴入的藍色色水量逐漸增加，才會製造出漸層感。

 操作時動作要快，才能做出自然漂亮的漸層感。

6　用此方法，直到所有皂液倒入模型中。在表面噴酒精，以消除氣泡。

7　靜置30分鐘即可脫模切皂，切皂方式請參考p.61。

Part ◇ 3

皂邊應用，
再生寶石皂

再製
寶石皂

材料　透明皂基…80g / 白色皂基…10g
　　　金色色粉…適量 / 透明皂塊…30g

模型　直徑5cm八角形模

作法

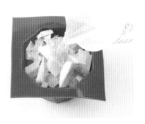

1　將手邊現有的透明
　　皂塊,切成適當的
　　大小。

2　將30g皂塊放入模型
　　中,幾乎滿模。

3　將40g的透明皂基加
　　熱融解後,從模型
　　中間以畫圓的方式
　　倒入,利用皂液的
　　溫度將部分皂邊融
　　解。

Tips　此時皂液溫度可
　　達80℃,操作時
　　請小心。

4 將10g的白色皂基加熱融解後，從模型中間以畫圓的方式倒入。

5 利用小篩網撒入少許金粉裝飾。

6 將40g的透明皂基加熱融解後，從模型中間以畫圓的方式倒入，噴上酒精，以消除多餘氣泡。

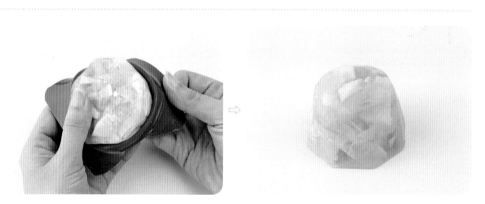

7 靜置約30分鐘後，待皂固定成型即可脫模。

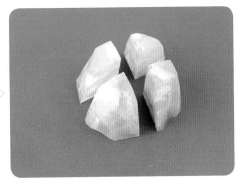

8 　將皂切成四等份。

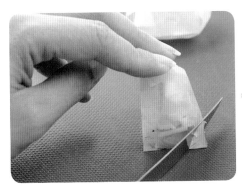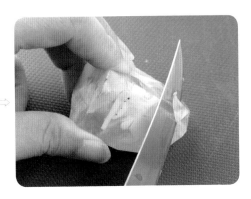

9 　進行切皂修飾。將切面較平的面，切出斜角來，即能製造出寶石感。

　製造切面是寶石皂漂亮有光澤的重點，不要擔心浪費而無法下手，切剩的皂都可以再利用。

粉嫩櫻花
透明皂

材料　透明皂基…100g / 白色皂基…10g / 紅色色水…1滴
　　　黃色色水…1滴 / 金色色粉…少許 / 透明皂片…6片

模型　7×7cm方形模

作法

1　利用刨刀將透明皂
　　刨出6片薄薄的皂
　　片。

　這是將不滿意的
　　透明皂作品再利
　　用的方式。

2　將100g的透明皂基
　　加熱融解後，滴入
　　各1滴的黃色色水、
　　紅色色水。

3　將容器稍微搖晃一下，讓黃色與紅色色水融合渲染開來。

4　將20g皂液沿著模型邊緣倒入。

 ⇨

5　輕輕放入一片皂片，再緩緩倒入一層皂液。利用皂液的溫度，讓部分皂片稍微融解。

　皂液溫度至少要80℃，才能融解皂片。

 ⇨

6　重複放入皂片、倒入皂液的動作，將六片皂片放入模型中（皂液不要全部倒完，需保留一點加入步驟9中）。

7　利用細篩網，撒上少許金粉裝飾。

8　將10g的白色皂基加熱融解後，以畫圓的方式倒入模型中。

9　將剩餘的透明皂液倒入模型中，再噴酒精消除多餘氣泡。靜置約25分鐘後，待皂固定成型即可脫模。

 娜娜媽小教室 ── 刨 / 皂 / 小 / 技 / 巧

技巧①

選擇手邊現成的透明皂，以不同花色入皂，可以製造出不同的效果。

技巧②

刨皂時在皂台上噴上酒精，可以幫助刨皂時更滑順省力，輕鬆刨出薄度一致的皂片。但請注意手要握緊，避免滑手。

花朵
皂中皂

材料　透明皂基⋯ 70g / 白色皂基30g / 花朵皂⋯ 20g

模型　7×7cm方形模

作法

1　先將欲使用的皂中皂進行秤重。這次示範的花朵
　　皂為20g，所以將總重120g－20g＝需使用100g的
　　皂液。

2　將30g的白色皂基加熱融解後，沿著模型邊緣倒
　　入，於表面噴上酒精，以消除氣泡，靜置至少15
　　分鐘，讓皂液凝固。

 ⇨

 可用手摸摸看白色皂液，如已凝固，就可以放入花朵皂。

🔷Tips 可利用手邊現有的小皂塊，作為製作皂中皂的素材。

 將70g的透明皂基加熱融解後，以溫度槍測量皂液溫度，溫度於65℃以下即可倒入模型中，將皂中皂完全覆蓋。

🔷Tips 倒入的皂液溫度需在65℃以下，才不會將下層的皂融解。

5 於表面噴上酒精，以消除氣泡。

6 靜置約30分鐘後，待皂固定成型即可脫模。

綠水晶
礦石皂

材料　透明皂基…90g / 透明綠色皂塊… 適量 / 金色色粉… 適量
　　　黃色色水 … 1 滴 / 綠色色水… 1 滴

模型　7×7cm方形模

作法

1 將綠色透明皂切成小正方體，裹
上金色色粉。

2 將裹上金色色粉的皂塊放在模型
的兩側。

3　將90g的透明皂基加熱融解，加入黃色、綠色色水各1滴，攪拌均勻，調成淺綠色皂液。

4　將綠色皂液倒入模型中。

5　在表面噴上酒精，以消除多餘氣泡。

6　靜置約30分鐘後，待皂固定成型即可脫模切皂。

 切皂時，可以根據綠色色塊的位置，作為切割位置的參考。

碎石子皂

材料 白色皂基…100g / 透明綠色皂塊…適量 / 白色皂塊…適量
金色色粉…適量 / 綠色色水…1滴 / 黑色備長碳色液…1滴

模型 7×7cm方形模

作法

1 將綠色透明皂、白色皂切成小正方體，裹上金粉。

2 將裹上金色色粉的皂塊放入模型中。

3 將100g的白色皂基加熱融解後，加入1滴備長炭色液，調成灰色皂液。將皂液倒入模型中。

4 在表面噴上酒精，以消除多餘氣泡。

5 靜置約30分鐘後，待皂固定成型即可脫模切皂。

幾何透明
皂中皂

材料　綠色系透明皂…4塊 / 透明皂基…30g

模型　7×7cm方形模

作法

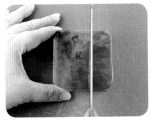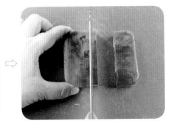

1　將成皂切掉約0.5～0.8公分，切的位置可依個人
喜好選擇。

 利用這種方式，可以將一塊皂不滿意的部分切
除，經過改造過後，變成一塊美皂。

2　將皂塊放入模型中。

Tips 需將皂塊的正面
朝向模型底部放
入。

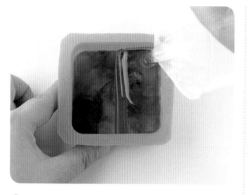

3　將30g的透明皂基加熱融解，確認皂液的溫度在65℃以下，再倒入缺口處。

4　在表面噴上酒精，以消除多餘氣泡。

娜娜媽
小教室

提 / 升 / 質 / 感 / 的 / 小 / 技 / 巧

技巧①

蓋上金色皂章

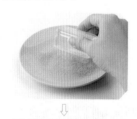

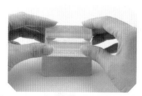

1. 將皂章輕輕沾附一點金色色粉。

2. 輕輕按壓在皂的表面，再輕柔的將皂章拔起。

技巧②

修出皂邊，增加立體感

利用刨皂器將皂體的四邊刨掉，會呈現細緻的立體感，小小變化，讓皂更有質感。

紫竹水晶
透明皂

材料　透明皂基…100g / 紫色透明皂…20g

模型　7×7cm方形模

作法

1　將紫色透明皂用刨刀刨成一片片，大約刨出9～12片，捲出自己喜歡的圓圈大小。

2　將20g透明皂基加熱融解後，沿著模型邊緣倒入，再放入刨好的皂片。

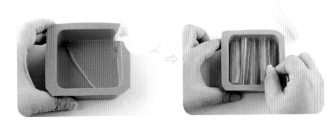

3　將80g透明皂基加熱融解後，確認
　　皂液的溫度在65℃以下，再倒入
　　模型中。噴上酒精，以消除多餘
　　氣泡。

4　靜置約20分鐘後，待皂固定成型
　　即可脫模。

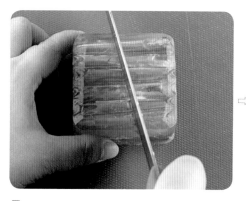

5　視個人喜好切成想要的寶石皂大小。我會先將正方形的皂切成大小不一的兩
　　塊，再將較平面的邊斜切出角度來，製作出寶石的折射感。

　製造切面是寶石皂漂亮有光澤的重點，不要擔心浪費而無法下手，切剩的皂
　　邊都還可以再利用。

果凍寶石
透明皂

材料 透明皂基… 70g／各色皂基或透明皂皂塊… 50g
金色色粉… 適量

模型 7×7cm方形模

作法

1 先將透明皂塊的四邊裹上金粉備用。

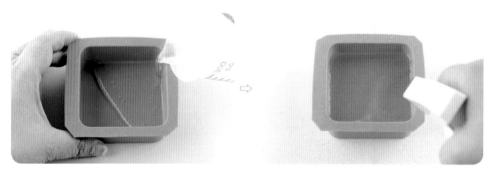

2 將30g的透明皂基加熱融解後，沿著模型邊緣倒入，於表面噴上酒精，以消除
氣泡。

3　將裹好金色色粉的透明皂塊放入
　　模型中。

4　將40g的透明皂基加熱融解後，以溫度槍測量皂液溫度，溫度於65℃以下即可
　　倒入模型中，將皂中皂完全覆蓋。

　倒入的皂液溫度需在65℃以下，才不會將下層的皂融解。

5　在表面噴上酒精，消除氣泡。靜置約20分鐘，待皂液凝固即可脫模。

 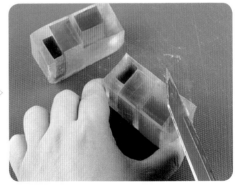

6　視個人喜好切成想要的寶石皂大小。我會先將正方形的皂切成大小不一的兩
　　塊，再將較平面的邊斜切出角度來，製作出寶石的折射感。

　製造切面是寶石皂漂亮有光澤的重點，不要擔心浪費而無法下手，切剩的皂
　　邊都還可以再利用。

灰晶層
礦石皂

材料　白色皂基…80g / 透明皂塊…40g / 金色色粉… 適量
　　　黑色備長碳色液…1〜2滴 / 金色色液…1〜2滴

模型　7×7cm方形模

作法

1 先將透明皂塊的四邊裹上金粉。

 做為夾層的皂塊厚度不要太厚，約0.2cm寬，成皂較不易分離。

2 將80g的白色皂基加熱融解後，加入黑色備長碳色液和金色色液，輕輕搖晃杯子，讓皂液形成自然的渲染。

 黑色和金色色液可以視個人喜好增減滴入的量。

3　將皂液沿著模型邊緣輕輕倒入，
　　皂液會自然形成像大理石般的紋
　　路。放上裹好金粉的皂塊，重複
　　倒入皂液、放皂塊的步驟，直接
　　皂液倒入。

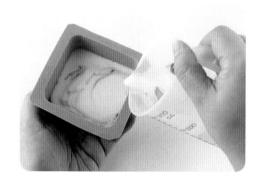

4　於表面噴上酒精，以消除氣泡，靜置至少15分鐘，讓皂液凝固。

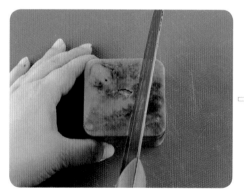　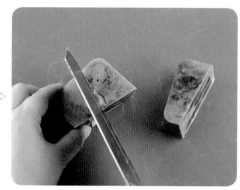

5　脫模後切皂。先切分切成想要的
　　大小，再進行皂邊修飾。

橘皂邊
～∽◦ 運用皂 ◦∽～

材料　透明皂基…90g / 橘色皂塊… 適量

模型　7×7cm方形模

作法

1 將橘色透明皂切成
細長條備用。

2 將90g的透明皂基加
熱融解後，先將30g
皂液沿著模型邊緣
倒入。

3 在皂液表面噴上酒
精，以消除氣泡。

4 將橘色長條皂邊，
交錯排列成塔形。

5 將剩下透明的皂液
倒入模型中，靜置
30分鐘，待皂固定
成型即可脫模。

6 脫模後切皂。先切
分成想要的大小，
再進行皂邊修飾。

水晶
皂中皂

材料　透明皂基…120g / 白色皂基…10g / 藍色色水…1滴

模型　7×7cm方形模

作法

1 將30g的透明皂基加熱融解後，沿著模型邊緣倒入。

2 在皂液表面噴上酒精，以消除氣泡。

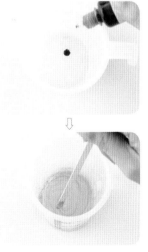

3 將50g的透明皂基加熱融解後，滴入1滴藍色色水，稍微攪拌一下。

4　先將淡藍色皂液從模型中間以畫圓的方式倒入（不要全部倒完）。

5　將10g的透明皂基加熱融解後，以畫圓的方式倒入。

6　再將剩下的藍色皂液，由內往外以繞圈圈的方式倒入。噴上酒精，消除多餘氣泡。

7　靜置約30分鐘後，待皂固定成型即可脫模。

8　將成皂的四周切除0.5公分。

9　將40g的透明皂基加熱融解後，將皂液沿著模型邊緣倒入。在皂液表面噴上酒精，以消除多餘氣泡。

10　將步驟8的成皂放入，待皂固定成型即可脫模。

生活樹系列 077

娜娜媽教你做質感‧透亮寶石皂

風靡日韓歐美,像礦石、像寶石、像水晶,30 款獨一無二的透明皂

作　　　者	娜娜媽
攝　　　影	王正毅
總 編 輯	何玉美
主　　　編	紀欣怡
封面設計	比比司設計工作室
內文排版	比比司設計工作室

出版發行	采實文化事業股份有限公司
業務發行	張世明‧林踏欣‧林坤蓉‧王貞玉
國際版權	施維真‧王盈潔
印務採購	曾玉霞
會計行政	李韶婉‧許俽瑀‧張婕莛
法律顧問	第一國際法律事務所 余淑杏律師
電子信箱	acme@acmebook.com.tw
采實官網	www.acmebook.com.tw
采實臉書	http://www.facebook.com/acmebook01

Ｉ Ｓ Ｂ Ｎ	978-986-507-054-0
定　　　價	350 元
初版一刷	2019 年 11 月
初版四刷	2024 年 3 月
劃撥帳號	50148859
劃撥戶名	采實文化事業有限公司
	104 台北市中山區南京東路二段 95 號 9 樓
	電話：（02）2511-9798
	傳真：（02）2571-3298

國家圖書館出版品預行編目（CIP）資料

娜娜媽教你做質感.透亮寶石皂 / 娜娜媽作.
-- 初版 . -- 臺北市：采實文化，2019.11
　面； 　公分 . --（生活樹；077）
ISBN 978-986-507-054-0（平裝）

1. 肥皂

　　　　　　　　　　　　466.4
108015941